STEM儿童科学百科
STEM Encyclopedia of Science
发明

英国布兰博童书　著

〔英〕大卫·莫斯汀　绘

憨爸　译

中国妇女出版社

目 录

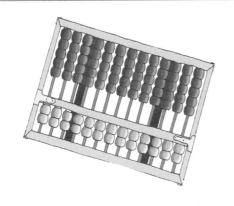

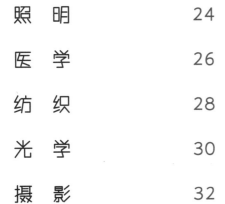

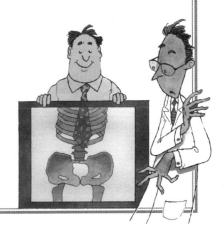

发明时间轴

几百万年以前，人类就开始了发明创造。远古人类学会了生火、做饭，利用石制或骨制工具进行切割或雕刻。后来，他们开始使用长矛来打猎……

石器时代

（始于距今二三百万年，止于距今5000至2000年左右）

火—石制工具—珠饰—弓和箭—洞穴壁画—陶器—农业—书写—岩画—象形文字—陶轮—轮式车辆—驯马

地理大发现时代

（大约从公元15世纪至公元17世纪）

印刷机

古典时代

（大约从公元前5世纪至公元前4世纪中叶）

马镫—铸铁—齿轮—拱桥

青铜时代

（大约从公元前4000年至公元初年）

楔形文字—铜、锡和青铜—下水道—直尺或量杆—双轮战车—玻璃—橡胶—早期的混凝土

早期铁器时代

（大约从公元前1500年至公元前1000年）

炼铁—马鞍—金属货币

现如今，也就是我们所说的太空时代，人类可以享受过去几千年的发明所带来的好处。这个时间轴展示了改变人类生活的一部分关键发明。在本书中，我们将共同探讨那些伟大的科学家是如何将梦想变成现实的。

18世纪

珍妮纺纱机—热气球—天花疫苗

19世纪

蒸汽机车—罐装工艺—内燃机—电动机—钢筋混凝土—炸药—电话—灯泡—汽车—无线通信

21世纪

智能手机

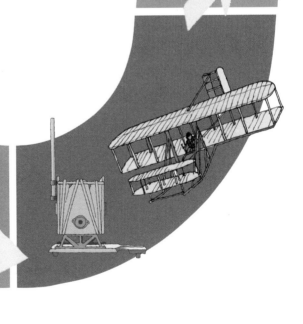

20世纪

吸尘器—飞机—电视—液体燃料火箭—青霉素—个人电脑—人造卫星—电子游戏—万维网

家用电器

家用电器指在家庭及类似场所使用的各种电器和电子器具。有的家用电器是为了帮助人类制备和烹饪食物，有的家用电器是为了帮人类减轻诸如洗衣服和打扫房屋之类劳动的工作强度。

清洁工具

最早的吸尘器诞生于1901年，由H.塞西尔·布斯发明。但当时布斯发明的吸尘器体形巨大，必须用一辆马车托着才能工作。

一个叫詹姆斯·穆雷·斯班格拉的美国人研制出了一种小型家用吸尘器。1908年，他为他的发明申请了专利。之后，美国人威廉·胡佛将这种吸尘器进行了商业化运作。

机械真空吸尘器
（20世纪早期）

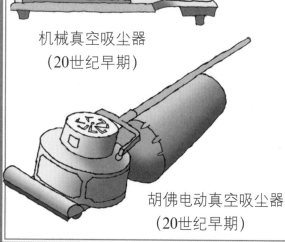

胡佛电动真空吸尘器
（20世纪早期）

洗涤、熨烫工具

1882年，人类首次发明了电熨斗。20世纪初期，人类首次发明了电动洗衣机。

熨斗（18世纪）

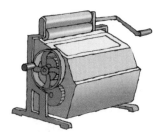

机械洗衣机和轧布机（19世纪50年代）

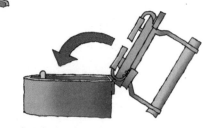

电熨斗（1882年）

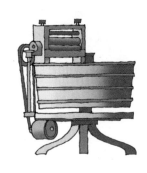

电动洗衣机（1920年）

烹饪工具

18世纪以前，人类一直都是使用明火烹饪。后来，人类发明了厨用炉灶。但这时的炉灶还是需要烧木材或煤炭。再后来，人类发明了燃气灶。燃气灶的火焰的大小可以通过转动旋钮进行控制。

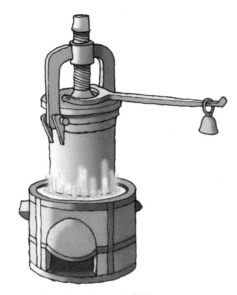

高压锅（17世纪晚期）

固体燃料炉（18世纪）

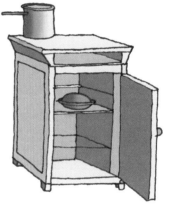

电炉煲（19世纪晚期）

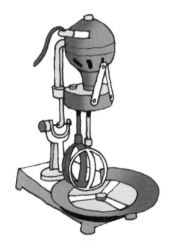

电动搅拌机
（20世纪早期）

卤素加热架（20世纪）

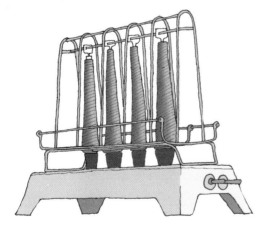

吐司炉（20世纪早期）

沏茶器（20世纪早期）

9

计 算

计算是指通过加、减、乘、除求解的过程。在商品交换的过程中，计算尤其重要。美索不达米亚人曾通过放置在沙地上的沟壑里的石块来计算。这或许就是原始的算盘。

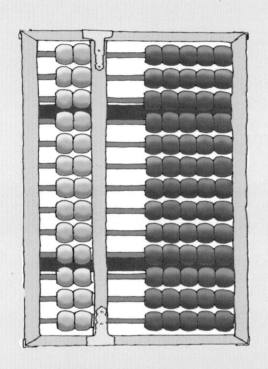

中国算盘至少已有2000多年的历史，它由木制框架与串在档杆上的算珠组成。

计算器

1642年到1644年，布莱士·帕斯卡在帮助父亲做税务计算时，制作了一台计算器。这台计算器上有一些互相连接的齿轮，每一个齿轮周围都有一圈数字。通过齿轮拨动需要加或者减的数字，计算结果就会相应地出现在齿轮上方的窗口。

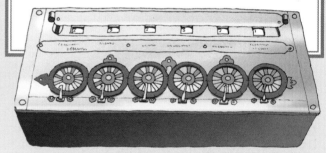

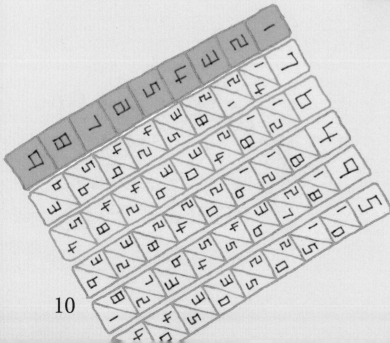

17世纪早期，数学家约翰·纳皮尔发明了一种计算工具。这种计算工具由一组算棒和一个算板组成。算板用来在计算时盛放算棒。算板的左边框从上至下标注着1~9，与每根算棒上的9个方格一一对应。算棒一般有10根，每根都有10个方格。算棒最顶部的第一个方格标注0~9，下面的9个方格都划有对角线，里面分别填着0~9与左边框对应数字的乘积。这个计算器有一个名字，叫作"纳皮尔筹"。

这是一个分析机模型。这也是查尔斯·巴贝奇曾立志研制的分析机。

查尔斯·巴贝奇是一名数学家，被称为"计算机之父"。他的很多开创性构思是我们今天仍在使用的复杂的电子设计的雏形。

今天的电子计算器可以解决绝大多数数学计算问题。它们基本都是由电池或太阳能驱动并用集成电路芯片处理程序的微型计算机。

芯片尺寸极小，但可以储存大量数据。

11

通 信

简单来讲，通信指收发消息。人们面对面或通过电话交谈，都叫作通信。烟雾信号是一种比较原始的通信方式。

现在人们基本是通过机器进行通信，如电脑、传真机、手机等。一般来讲，现代通信发端于19世纪30年代发展起来的电报。

亚历山大·格雷汉姆·贝尔曾是一名语言教师，他成功研制出了电话机。1876年，贝尔为自己研制出的第一部电话机申请了专利。

1832年，美国画家萨缪尔·摩尔斯对用电传送信息产生了浓厚兴趣。

摩尔斯

1835年，摩尔斯发明了电报机。电报机可以通过电流的"通"、"断"和"长短"代替文字进行信息传送。电报的发明，拉开了电信时代的序幕，开创了人类利用电来传递信息的历史。

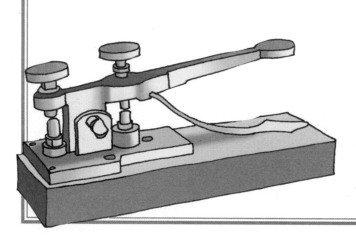

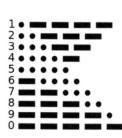

广 播

广播指通过无线电波或导线传送声音信号。1895年，伽利尔摩·马可尼发明了无线电。人类使用广播的历史自此开始。

早期的收音机

1926年，约翰·洛吉·贝尔德首次向世人展示了他研制的电视机。如今，卫星几乎可以在全世界范围内传输清晰的彩色电视信号。

伽利尔摩·马可尼

1906年，发明家福雷斯特发明了真空三极管

录 音

录音是指将声音信号记录在各种媒质上。1877年，托马斯·爱迪生完成了人类历史上第一次录音。

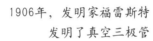

1887年，埃米尔·玻里纳研制出了扁平圆盘式留声机。这是一种原始放音装置。声音被储存在以声学方法在唱片（圆盘）平面刻出的弧形刻槽内。唱片可置于转台上，在唱针之下旋转。

实际上，世界上第一台磁性录音机是使用钢琴弦录音的。1928年，费里茨·波费劳姆发明了磁带。当时的磁带实际上是涂了一层磁性金属粒子的纸带子。1963年，真正的卡式录音机正式问世。

HELLO!

13

电

电是静止或移动的电荷所产生的物理现象。电以微小粒子（也称为电子）流的形式存在。发电机可以发电。电可以电流的形式沿电路流动。

在公元前600年左右，古希腊人第一次描述了电。从那时起，大量科学家前赴后继投身于电的研究。

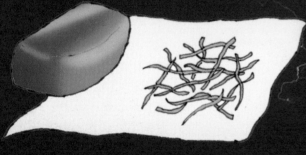

1746年，荷兰莱顿大学的物理学教授穆欣布罗克发现可以把静电储藏在特制的玻璃瓶中。这便是莱顿瓶的由来。

在公元前600年左右，古希腊哲学家泰勒斯发现了静电。他发现用布擦过的琥珀会吸引秸秆碎片。

亚历山德罗·伏特　　迈克尔·法拉第

1821年，英国科学家迈克尔·法拉第发明了第一台电动机。

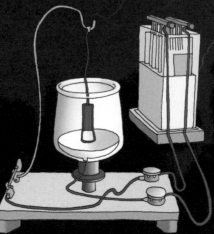

1800年，意大利人亚历山德罗·伏特发明了世界上最早的电池——被称为伏打电堆。

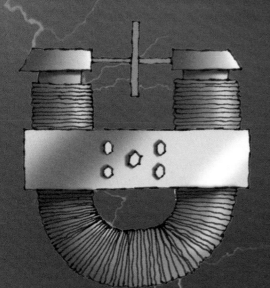

1823年，威廉·斯特金制造
出了第一块电磁铁。

1832年，法国人H.毕克西制造出
了第一台手摇式自流发电机。

1879年，托马斯·爱迪生改进
了电灯泡。这使得大型发电站成为
必需，以向千家万户供电。1882年
末，美国第一座大型发电站在纽约
建成。

建 筑

建筑技术指修建房子、寺庙、教堂和办公楼等建筑物的方法。据相关记载，人类的第一座房子修建于1万～2万年前。远古人类在建造房屋时常用的方式是将泥浆塞入木制框架内。

英国的巨石阵建于公元前2800年至公元前1500年之间，是欧洲最大的史前古迹。

在古埃及，人们主要用石料建造建筑物。他们主要采用立柱和过梁技术，也懂得使用拱门技术。

再后来，古人类主要采用晒干的砖块或土坯建造房屋。

布鲁内尔

伊桑巴德·金德姆·布鲁内尔出生在英国。他曾在法国求学。后来，他加入了父亲创办的工程公司。布鲁内尔设计了很多桥梁，并主持修建了许多隧道及铁路。他还曾设计过三艘轮船。他主持建造的"大西方号""大不列颠号"和"大东方号"在当时都是最先进的船舶。

早在古希腊，人们在修建神庙时已经开始使用木梁。

飞行

　　飞行描述的是在空中移动的动作。动力飞行指借助飞机、飞艇甚至宇宙飞船飞行的方式。早先，人类曾尝试使用手臂飞行，就像鸟类扇动翅膀一样。1492年左右，列奥纳多·达·芬奇设计出了一架飞行器。600多年前，一个名叫万户的中国人研制了一架飞行器。然而，飞行器在试验过程中发生了爆炸。万户因此献出了生命。

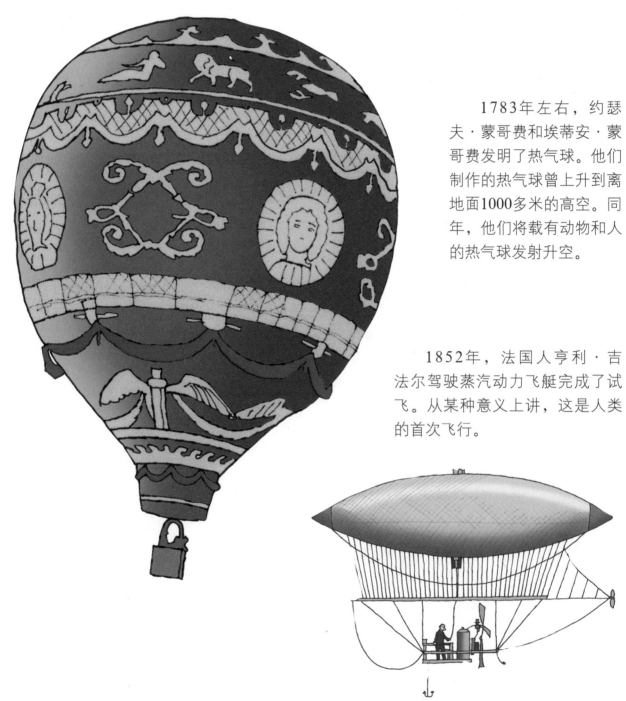

　　1783年左右，约瑟夫·蒙哥费和埃蒂安·蒙哥费发明了热气球。他们制作的热气球曾上升到离地面1000多米的高空。同年，他们将载有动物和人的热气球发射升空。

　　1852年，法国人亨利·吉法尔驾驶蒸汽动力飞艇完成了试飞。从某种意义上讲，这是人类的首次飞行。

1939年，美国人伊戈尔·西科斯基设计出了第一架具有实用价值的直升机。

莱特兄弟

奥维尔和威尔伯驾驶飞机成功完成首次飞行。这是一架搭载汽油发动机的双翼飞机。它飞行了37米，飞行了大约12秒。

1939年，第一架可投入使用的喷气式飞机在德国试飞成功。它搭载了一台喷气式发动机。它被称为"亨克尔He-178"。

1961年，英国的霍克-西德利P.1127是人类历史上首款可垂直起降的飞机。

1969年，英国和法国联合研制的协和式飞机首款超音速客机试飞成功。它的飞行时速可达2000千米左右。

19

游 戏

在很久很久以前，生活在古代中国的孩子在玩耍时常会放五颜六色的风筝。

游戏是人自己或与其他人一起参与的消遣或娱乐活动。人类自古以来就会玩游戏。

有的棋类游戏在人类社会已经存在了几千年。最早的纸牌可能出现在中国。

据相关记载，古罗马的孩子喜欢沿街滚铁环（如下图）。

据相关资料，古埃及的小孩喜欢玩一种叫作"九柱戏"的游戏。

据传，中国的麻将游戏最早可以追溯至公元前500年左右。麻将牌是用竹子、骨头或塑料制成的矩形小方块，上面分别刻着各种符号。麻将与扑克牌的玩法有点儿类似。

国际象棋的发展历史有2000年左右。我们今天玩的国际象棋的规则大约起源于15世纪。

据相关记载，古希腊的孩子喜欢玩陶瓷娃娃。

印 刷

印刷指通过将油墨转移到纸或其他材料上，以复制图画或文本。所有复刻本完全相同。早在公元9世纪甚至更早，中国人就开始印刷书籍。当时，人们先把文字雕刻在木块上，接着在木板上涂上墨水，然后将其压印在纸上。

雕版印刷术是中国人发明的。公元868年的木板印刷品《金刚经》是已知最早的雕版印刷品。

约翰尼斯·古腾堡

大约在15世纪中叶，德国人约翰尼斯·古腾堡发明了第一台铅活字印刷机。

今天，大多数排版工作可通过电脑完成。将文本放在激光打印机的版框内，激光打印机可以通过扫描的方式对文本进行复制。

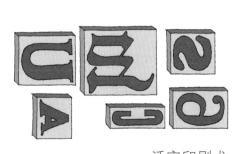

活字印刷术

供暖

在这里，供暖指物或人取暖或保暖的方法。烧柴是最早的供暖形式。这种供暖形式，从人类发现火的史前时代，一直沿用至今。古罗马人发明了地下集中供暖系统——也称作火炕供暖系统。后来，煤炭取代木材成为主要的生火燃料。再后来，人类发明了燃气炉和电炉。利用太阳能的供暖方式可以说是目前最为清洁的供暖方式。

19世纪末20世纪初，人们开始使用装有热水的散热器供暖。

在相当长一段时间内，人们做饭和取暖一直使用明火

随着科学技术的进一步发展，许多高功率电炉被研制出来。

石油最早用于取暖炉大约是在19世纪。

今天，人们在房顶安装太阳能板，将太阳能转化成热能使用

制 冷

制冷是指冷却物体的方法。可以说，制冷是把热量从一个地方转移到另一个地方的过程。冷藏有助于食物的保存和保鲜。通过冰来制冷是一种古老的冷藏方法。机械制冷方法大约在19世纪中期才真正被发明出来。出生于英国的工程师詹姆斯·哈里森在澳大利亚的一家酿酒厂制造出了第一台制冷机。人工制冷的家用冰箱于1879年被制造出来。

早期的机械冰箱使用氨作为冷却液或制冷剂。

照 明

　　照明即将光带到没有自然光源的黑暗区域。有了照明设施，人们可以在夜幕降临后继续工作或者娱乐。在史前时代，人们用火照亮黑暗。油灯和蜡烛发光更稳定，但亮度不够，应用范围有限。18世纪晚期至19世纪初期，人们开始使用照明更好的煤气灯。19世纪，人类发明了电灯泡。这项发明彻底改变了人类照明史。

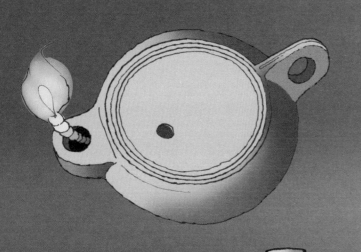

　　早在几万年前，人类就开始在镂空的石头内填充油脂，制作油灯。后来，人类制作出了陶器油灯。再后来，人类发明了灯芯油灯。

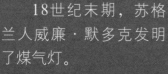

18世纪末期，苏格兰人威廉·默多克发明了煤气灯。

　　据相关记载，早在公元前3000年左右，人类就开始使用蜡烛照明了。当然，那时的蜡烛和现在的蜡烛是有很大区别的。

19世纪初，汉弗莱·戴维发明了电弧灯。它由两根碳棒组成，每根碳棒都连接在一个大功率电池的一端。它们接触时，就会发出白热的光。它们断开时，其尖端之间会出现一道明亮的光弧。

现代钨丝白炽灯泡的照明效果更好。1913年，威廉·柯立芝申请并取得了钨丝白炽灯专利。

1879年，托马斯·爱迪生研制出了具有真正实用价值的电灯泡（白炽灯）。

20世纪30年代，人类发明了日光灯。自此，人类开始在灯管内使用气体代替金属灯丝。

医　学

医学发明是指用于诊断或治疗病人的工具、器械以及其他医疗设备。19世纪和20世纪是医学领域发明最多的时期。在19世纪之前，医生几乎没有十分有效的可用于与疾病斗争的辅助工具。外科医生在截肢和拔牙时，只有几种基本的器械可以选择，如钩子、锯子和钳子。

1796年，英国人爱德华·詹纳发现了天花疫苗。从那以后，这一发现拯救了成千上万人的生命。

1816年，法国医生希欧斐列·雷奈克发明了可用于监听患者心跳的听诊器

19世纪中叶，乙醚作为麻醉药开始用于外科手术。当时的麻醉药吸入器就是一个玻璃瓶，瓶内装有浸泡过乙醚的海绵。

图中的医生正在使用现代听诊器

1898年，居里夫妇宣布他们发现了镭。这一发现为放射疗法的发展提供了巨大支持。

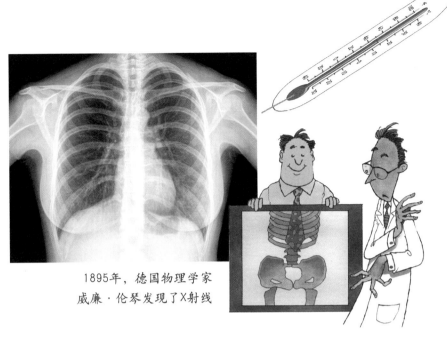

1895年，德国物理学家
威廉·伦琴发现了X射线

1867年，托马斯·艾尔伯特爵士发明了第一个用于测量人体温度的便携式医用温度计。这个温度计长6英寸，并且只需5分钟即可获得患者的体温。自此，医用温度计时代正式开启。

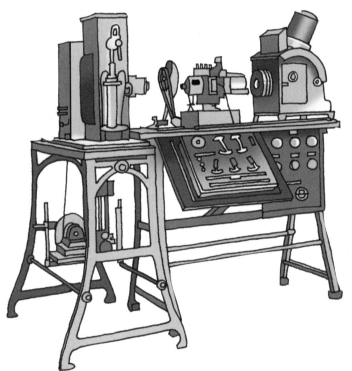

20世纪初期，荷兰人威廉·埃因托芬制造出了第一台弦线式电流计，以记录心脏的跳动情况。这一发现开创了体表心电图记录的历史。

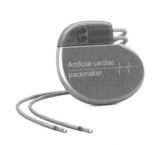

1958年，第一台可以植入人体胸腔控制心跳的心脏起搏器问世。

1979年，高弗雷·豪斯费尔德因为研究X射线断层扫描成像相关技术，而与阿兰·科马克共同获得该年度的诺贝尔生理学或医学奖。这一技术能帮医生更详细地检查患者发生病变的器官以及对疾病做出正确的诊断。

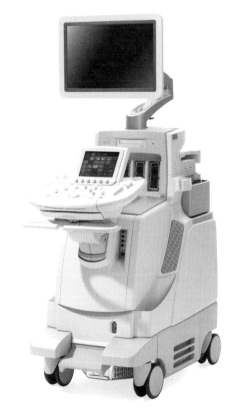

纺　织

纺和织指织布的两道工艺。纺纱工艺是指通过捻和拉的方式将纤维拉成长线或纱线。编织工艺是指将纱线一根一根交织在一起，从而制作一块布料。然后，人们可以用布料裁制衣服和毯子等物品。人类发明蒸汽机后，纺纱机和织布机也开始快速发展。

纺纱和织布工艺始于几万年前。当时，人类在纺纱时会使用简单的纺锤。

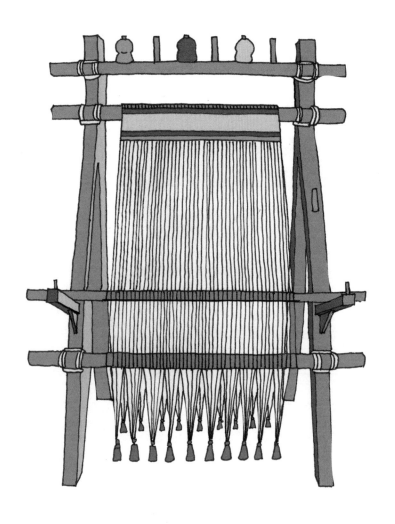

最早的织机可能仅仅是两根木棍。它们可撑起并可固定很多平行的纱线（我们也将其称作经纱）。再后来，织机上有了可以分离经线的横杆。

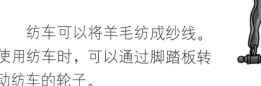

纺车可以将羊毛纺成纱线。使用纺车时，可以通过脚踏板转动纺车的轮子。

28

缝纫机

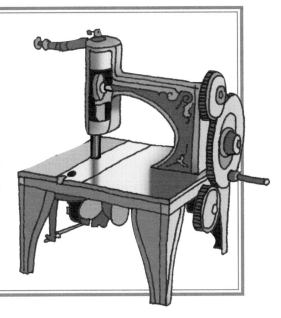

艾萨克·梅里特·辛格是一位眼光十分独到的商人,他发现了家用缝纫机的巨大市场需求。截至1869年年底,他的公司卖出了11万台缝纫机。

走锭精纺机是一种用于纺棉花和其他纤维的机器。它由塞缪尔·克朗普顿于1775年至1779年间发明,并于18世纪晚期开始在英国的很多纺织厂被采纳使用。这种纺纱机可以织出质量更好更细的纱线。

现代织机可以同时并快速织出两种或多种织物。即使一台小型织机也能织出色彩鲜艳、图案和纹理十分丰富的织物。

光 学

简单来讲，光学发明是指那些与眼睛和视觉有关的发明。放大镜、眼镜、双筒望远镜、天文望远镜和显微镜都属于光学发明。它们可以通过拉近场景、放大物体等方式，让人们更清晰地观察事物。现在广受欢迎的隐形眼镜诞生于20世纪，也属于一项光学发明。

在欧洲，最早的眼镜可能于13世纪中后期出现在意大利。它基本上是由两块石英凸透镜和一个镜框构成。使用它时，我们需要将其拿到眼前。一般来讲，它只能用于阅读。

在欧洲，最早的显微镜出现于16世纪末期。

安东尼·列文虎克出生在荷兰。他制造出了人类历史上第一台显微镜，并很快制出了能将物体放大几百倍的显微镜。借助显微镜，他发现了细菌。

1932年，马克斯·克诺尔和恩斯特·鲁斯卡研制出了第一台透视电子显微镜。

早期的望远镜

17世纪初，伽利略研制出了第一台天文望远镜。这台望远镜彻底改变了天文学家的工作方式。在右上角这张图中，伽利略正在向人们展示他的天文望远镜。

1668年，艾萨克·牛顿发明的反射式望远镜比早期的折射式望远镜提供的图像更清晰。

威廉·赫歇尔是一位在德国出生的英国天文学家，他发现了天王星及其两颗卫星、土星的两颗卫星等。

赫歇尔制造了许多大型望远镜。他自用的反射式望远镜的最大口径为1.2米。

摄 影

一般来讲，摄影是指在胶片上成像。摄影时，光线通过照相机的镜头投射在胶片上，胶片因为化学物质的存在会形成负像。然后，胶片经过"冲洗"，负像就会转化为可见的牢固的正像。人类历史上第一张照片由法国科学家约瑟夫·尼塞弗尔·尼埃普斯在1827年拍摄。19世纪30年代，英国人威廉·亨利·福克斯·塔尔博特发明了卡罗式摄影法。可以说，他是底片的发明者。

法国人约瑟夫·尼塞弗尔·尼埃普斯是拍摄出永久性照片的第一人。尼埃普斯的沥青感光法的原理跟后来的胶片摄影的原理很相似，他先让沥青涂层在镜头（针孔）后进行曝光，再用显影液进行冲洗，最后得到了永久性图像。

银版照相机（1839年）

1839年，法国人路易斯·达盖尔发明了具有实用价值的摄影术——银版摄影术。

尼埃普斯在1827年拍摄的第一张照片

柯达相机（19世纪80年代）

1871年，英国人理查德·马多克斯发明了干版摄影法。

1886年，美国人乔治·伊斯曼研制出了卷式感光胶卷。

20世纪初期的布朗尼相机价格低廉，备受欢迎。

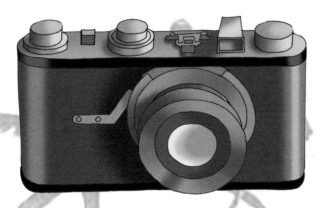
小型手持相机（20世纪20年代）

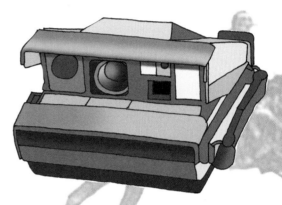
拍立得相机（20世纪70年代）

某些现代自动相机顶端安装有一个很小的电脑屏幕。这个屏幕可以向拍照者显示很多相关信息。

电 影

19世纪70年代，摄影师埃德沃德·迈布里奇使用放在赛道上的照相机给奔驰的马拍照。每个相机都由一根横在赛道上的绷紧的绳子控制。当马跑过的时候，照相机快门被触发。后来，他把这些照片合成一套原始的动画（正如左图所展示的一样）。这为托马斯·爱迪生提供了研究并发明电影的灵感。

铁 路

铁路是供火车等交通工具行驶的轨道线路。铁路运输指通过机车牵引火车车厢运载货物或乘客。1830年9月15日，利物浦至曼彻斯特的铁路的开通，产生了深远的影响。从那以后，铁路给人类社会带来了巨大的改变。

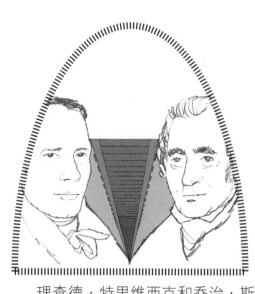

理查德·特里维西克和乔治·斯蒂芬森

1804年，英国人理查德·特里维西克设计制造出了世界上第一台实用性轮轨蒸汽机车。

1814年，英国人乔治·斯蒂芬森成功研制出一台蒸汽机车"旅行者号"。1823年，英国修建了世界上第一条铁路。

1863年，英国伦敦开通了世界上第一条地铁线路。

1890年，英国人在伦敦首先使用电力机车牵引车辆。

1879年5月，德国柏林的贸易展览会向世人展示了一条电气化铁路。这是一条长约300米的椭圆形铁路。

20世纪初，人类开始探索试制内燃机车。20世纪20年代，内燃机车开始快速发展起来。

1938年，"野鸭号"蒸汽机车创下了一项世界纪录——运行时速达到了200多千米。

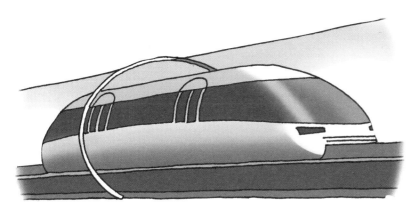

20世纪70年代后，世界上许多国家开始着力研究磁悬浮列车。

气象学

很早以前，为了预测可能会影响地球的天气变化，农民和科学家就开始观察天气情况。我们将这项学问称为气象学。天气预报需要很多仪器支撑，这些仪器用来测量温度、湿度、气压、降水量等。

15世纪40年代，朝鲜人发明了测雨器。当时的朝鲜政府很快试制测雨器并将复制品发放给地方行政长官，用以记录降水量。

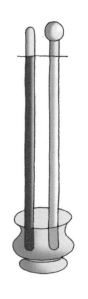

17世纪40年代，意大利人托里拆利制成了世界上第一个水银气压计。

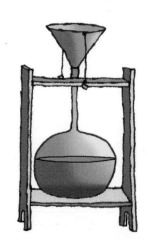

1783年，瑞士人索热尔制造了世界上第一台使用人发测量湿度的湿度计。湿度计是一种测量气体的含水量的仪器。

17世纪早期，伽利略·伽利雷制造出了一台可以显示温度变化的测温器。

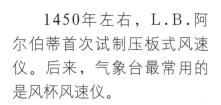

1450年左右，L.B.阿尔伯蒂首次试制压板式风速仪。后来，气象台最常用的是风杯风速仪。

1663年，英国人克里斯托弗·雷恩爵士创制了翻斗式自记雨量计。

现代气象设备

百叶箱是用来放置测定空气温度和湿度的仪器的木箱。

风向标可以用于测量风的来向。

气象气球用于测量高空的温度、气压、湿度、风向、风速等情况。

风向袋用于指示风向、提示风速。

风速仪用于测量空气流速。

气压计用于测量大气压强。

1960年，美国发射了世界上第一颗试验性气象卫星"泰罗斯-1号"。

水下探索

英国的迪恩兄弟发明的潜水头盔是人类最早的潜水头盔之一。潜水头盔有助于潜水员在水下作业。后来，工程师奥古斯都·雪贝以迪恩兄弟的发明为基础生产出了新的潜水头盔，并将其安装在了帆布潜水服上。

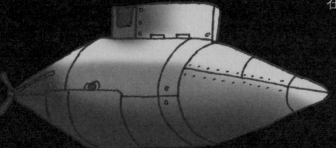

19世纪90年代末，约翰·霍兰设计出了世界上第一艘可以实战的现代潜艇。

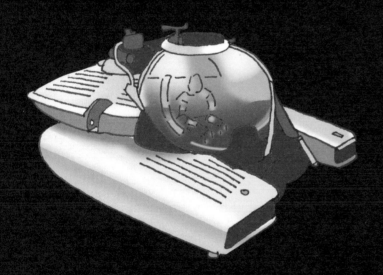

潜水器是一种可以在水下航行的小艇，主要被科学家用来研究、探索深海生物。有些工程师也会使用这种潜水器检查石油钻井平台和其他水下结构物。

1776年，美国人布什内尔打造了一艘外形像一颗蛋的潜艇"海龟号"。"海龟号"内部可容纳一人。现代军用潜艇能容纳大量船员，而且可以在水下停留很长时间。

雅克·库斯托

　　雅克·库斯托是一名海洋探险家和发明家。他发明了现代轻便潜水器，也就是水肺。他还自己设计出了水下摄像机。此外，他也曾做过很多科学实验，研究人类如何在深水中长期作业。

水　肺

　　水肺又叫自携式水下呼吸器。水肺潜水指在水下呼吸系统的帮助下进行的潜水活动。潜水员可通过自己携带的水下呼吸系统进行呼吸。这样，潜水员可以在水下停留好久。

计 时

计时指记录流逝的时间。人们可以使用机械的或电子的钟表及手表计时。人类早期的计时工具多数需要依赖太阳投下的阴影变化，比如日晷和计时杆。水钟、沙漏和蜡烛钟也是早期的计时工具。现代的计时设备石英钟以及像手机一样的电子计时设备的精度都非常高。

史前人类有可能是通过观察太阳的投影来判断时间的。日晷是已知的最古老的计时工具。根据相关记载，人类在6000多年前就发明了日晷。

1090年，中国的苏颂制造出了这台复杂的水钟。它通过摇铃、击锣、打鼓来计时。

水钟首次出现于公元前1400年左右的埃及。它是一种古老的计时装置，它通过测量流经小孔的水流计算时间。计时装置内部剩余水量的水位对应的刻度，就是时间的读数。

这是法国巴黎奥赛博物馆著名的大钟。参观者可以在博物馆内参观大钟的背面。

1656年，荷兰人克里斯蒂安·惠更斯发明了人类历史上第一座具有实用价值的摆钟。据说，他还于1675年设计出了游丝机械手表。相比更早期的螺旋弹簧手表，游丝机械手表精确度更高。

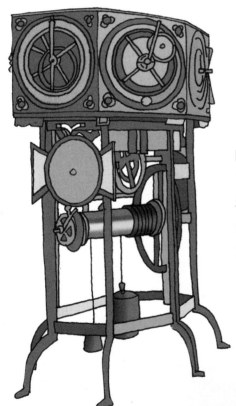

14世纪初，欧洲很多地方出现了机械报时钟。机械钟由机轴设置驱动，随落锤的摆动工作。

原子钟是一种计时装置，其精度非常高。它最初本是由物理学家创造出来用于探索宇宙本质的。当时，科学家们也许根本没有想到这项技术有朝一日能应用于全球定位系统（Global Positioning System）上。

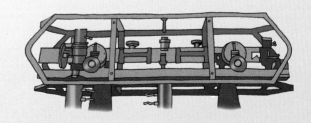

列奥纳多·达·芬奇

列奥纳多·达·芬奇出生于意大利佛罗伦萨附近。他学习过绘画和雕塑，曾做过画家。他对解剖学、建筑学、工程学、力学、水力学以及其他很多学科都有浓厚兴趣。人们在他的手记里发现了很多种发明设计手稿，例如直升机、降落伞、自行车、火炉、大炮、带线膛枪管的枪械、铸币机和起重机等。许多人认为他是人类有史以来最伟大的发明家。

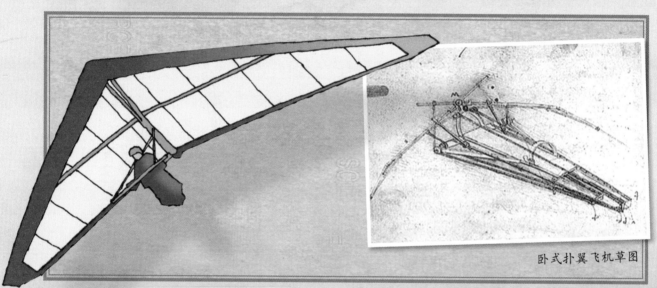

卧式扑翼飞机草图

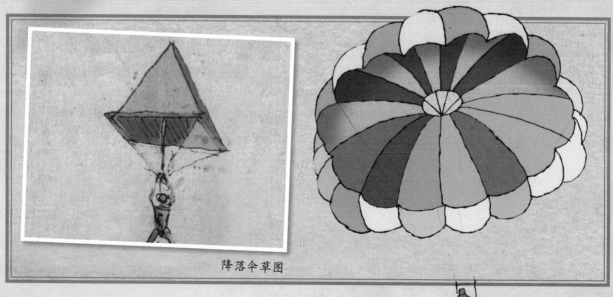

降落伞草图

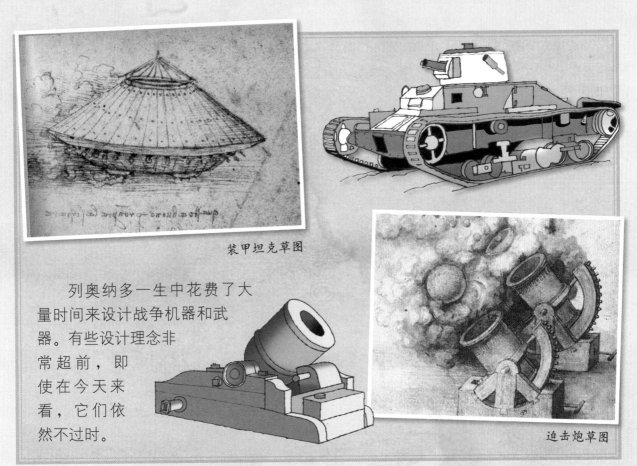

装甲坦克草图

列奥纳多一生中花费了大量时间来设计战争机器和武器。有些设计理念非常超前，即使在今天来看，它们依然不过时。

迫击炮草图

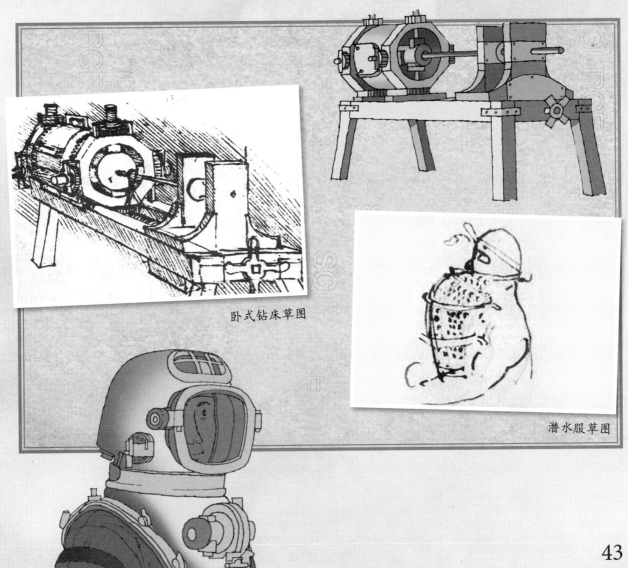

卧式钻床草图

潜水服草图

 索 引

图片说明

图书在版编目（CIP）数据

发明 / 英国布兰博童书著 ；（英）大卫·莫斯汀绘 ；
憨爸译. -- 北京 ：中国妇女出版社，2021.7
　　（STEM儿童科学百科）
　　书名原文：Encyclopedia of Science——
Inventions
　　ISBN 978-7-5127-1947-7

　　Ⅰ.①发…　Ⅱ.①英…　②大…　③憨…　Ⅲ.①创造发
明－儿童读物　Ⅳ.①N19-49

　　中国版本图书馆CIP数据核字（2020）第273125号

著作权合同登记号 图字：01-2020-7152

STEM儿童科学百科——发明

作　　者：英国布兰博童书 著　〔英〕大卫·莫斯汀 绘　憨　爸 译
策划编辑：门　莹　肖玲玲
责任编辑：王海峰
封面设计：尚世视觉
责任印制：王卫东
出版发行：中国妇女出版社
地　　址：北京市东城区史家胡同甲24号　　邮政编码：100010
电　　话：（010）65133160（发行部）　　65133161（邮购）
网　　址：www.womenbooks.cn
法律顾问：北京市道可特律师事务所
经　　销：各地新华书店
印　　刷：北京中科印刷有限公司
开　　本：210×290　1/16
印　　张：3
字　　数：50千字
版　　次：2021年7月第1版
印　　次：2021年7月第1次
书　　号：ISBN 978-7-5127-1947-7
定　　价：36.00元

版权所有·侵权必究　（如有印装错误，请与发行部联系）